我们住的城市

[英] 乔治亚・阿姆森－布拉德肖　著
罗英华　译

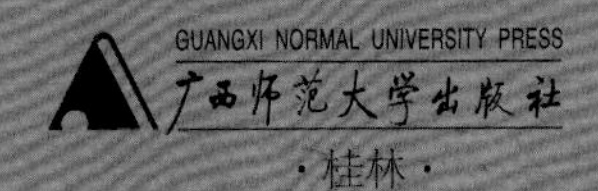

WOMEN ZHU DE CHENGSHI

出版统筹：汤文辉　　美术编辑：卜翠红
品牌总监：耿　磊　　版权联络：郭晓晨 张立飞
选题策划：耿　磊　　营销编辑：钟小文
责任编辑：戚　浩　　责任技编：王增元 郭　鹏
助理编辑：王丽杰

ECO STEAM: THE CITIES WE LIVE IN

Picture acknowledgements:
Images from Shutterstock: nuttavut sammongkol 4t, f11photo 5t, Bluehousestudio 5c, Marina Poushkina 5b, Hung Chung Chih 6t, Pavel Chagochkin 6c, Iconic Bestiary 6br, Danila Shtantsov 7b, Trekandshoot 9t, Mascha Tace 9c, Huza 9bl, Boo-Tique 10t, alice-photo 10b, I Wei Huang 11t, Logoboom 11c, Rawmn 11br, SAPhotog 11bl, WINS86 13t, CreatOR76 14br, Petovarga 14-15b, Lgogosha 16bl, Fancy Tapis 17t, jkcDesign 17c, TWStock 17b, SERASOOT 18t, Pixelrain 19t, Faber14 20t, Equinoxvert 20bl, mubus7 20br, Jeiel Shamblee 21b, Andrew Babble 24b,Kalinin Ilya 25t, Macrovector 25b, Africa Studio 26c, KONGKY 27t, Macrovector 27c, Connel 27br, Vladwel 28t, Kiberstalker 28b, ProStockStudio 29c, Icon Bunny 30br, Bioraven 31cl, EpicStockMedia 32t, VladimirCeresnak 32b, Iva Villi 33t, PODIS 33c, NASA Images 33b, Diyana Dimitrova 34t, amperespy44 34b, MilanB 35tl, Wectors 35tr, Mahesh Patil 35c, Colorcocktail 35bl, Kraska 35br, Natykach Nataliia 36t, d1sk 36b, mejnak 37t, hexeparu 37b, RedlineVector 38br, Studio64 40t, Avian 40b, Papajka 41t, 24Novembers 41c, Mopic 41b, tele52 42tl and 42br, Sunflowerey 43t, stocker1970 43c, Sean Pavone 43b, DUSIT PAICHALERM 44t, Rido 46t, Miiisha 46br, nelya43 48b

Images from Wikimedia Commons: Soman 8r, Mario Roberto Duran Ortiz Mariordo 44b

Illustrations by Steve Evans 30bl, 39b

All design elements from Shutterstock.

著作权合同登记号桂图登字：20-2019-181 号

图书在版编目（CIP）数据

我们住的城市 /（英）乔治亚·阿姆森-布拉德肖著；
罗英华译．—桂林：广西师范大学出版社，2021.3
（生态 STEAM 家庭趣味实验课）
书名原文：The Cities We Live In
ISBN 978-7-5598-3545-1

Ⅰ．①我… Ⅱ．①乔… ②罗… Ⅲ．①城市环境－青
少年读物 Ⅳ．①X21-49

中国版本图书馆 CIP 数据核字（2021）第 006959 号

广西师范大学出版社出版发行
（广西桂林市五里店路 9 号　邮政编码：541004
网址：http://www.bbtpress.com）
出版人：黄轩庄
全国新华书店经销
北京博海升彩色印刷有限公司印刷
（北京市通州区中关村科技园通州园金桥科技产业基地环宇路 6 号　邮政编码：100076）
开本：889 mm × 1 120 mm　1/16
印张：3.5　　字数：81 千字
2021 年 3 月第 1 版　　2021 年 3 月第 1 次印刷
审图号：GS（2020）3678 号
定价：68.00 元

contents
目录

城市生活 4

正在改变的城市 6

● **问题：城市扩张** 8

城市土地利用 10

解决它！可持续城市规划 12

试试看！土地利用项目 14

● **问题：缺乏绿地** 16

加热和制冷 18

解决它！给城市降降温 20

试试看！蒸腾作用 22

● **问题：交通拥挤** 24

市内交通方式 26

解决它！增加公共交通 28

试试看！称称汽车有多重 30

● **问题：光污染** 32

认识光线 34

解决它！减少光污染 36

试试看！设计路灯 38

未来的城市 40

答案 42

有所作为 46

城市生活

你居住在城市还是乡村呢？如果是城市，那是住在都市、小镇还是郊区呢？如今，全世界约有 50% 的人都居住在城市。这个数字比以往任何时期都要高，预计到 2050 年，这一比例将会上升到 70% 左右。生活在城市中的人口越来越多，这极大地改变了人类与自然互动的方式，更让人类对自然产生了不同于以往的影响。

安全和机会

通常，人们为了寻求更好的工作机会，提高生活质量，选择搬迁到城市中去。在许多国家，生活在农村地区的人们靠种地谋生。在这种情况下，即使城市里的薪水比较低，生活环境也没那么舒适，也比靠天吃饭更有保障。人类活动扰乱了自然气候模式，造成气候改变，已经影响到了很多地方，如非洲的萨赫勒地区，那里十分干旱，农民已经很难再进行耕种了。

埃塞俄比亚地区干旱的土地

关注点：

城市化

人口向城镇聚集和城市范围不断扩大、乡村变为城镇的过程，被称为“城市化”。如今，世界上还有一些国家正在经历着快速的城市化过程。

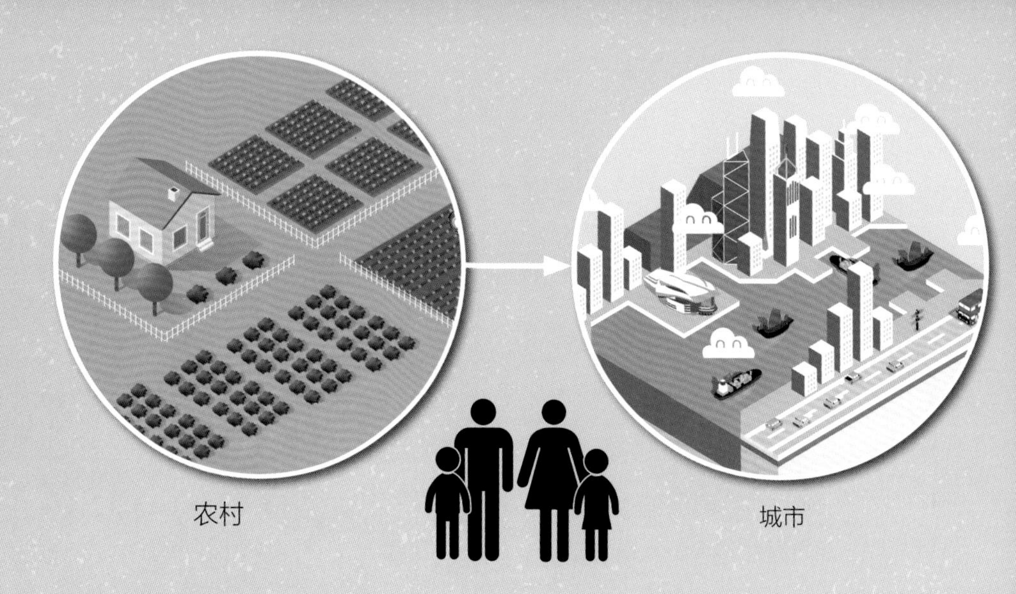

超大城市

随着全球人口数量的不断增长，越来越多的人迁移到城市，城市规模也变得越来越大。1950 年，世界上只有两个城市拥有超过 1000 万的人口（这样的城市被称为“超大城市”）。但是到了 2017 年，全世界的超大城市数量已经达到了 47 个。

日本的东京拥有

3800 万

人口，是全世界人口规模最大的城市。

未来的城市

世界上的一些地区正在迅速城市化，新的城市可能在短短几十年之内如雨后春笋般涌现。对于城市的可持续发展来说，如此快速的城市化，既是机遇，又是挑战。一方面，建造新的城市给我们提供了无数使用最新的、生态友好型技术的机会；但另一方面，快速、无计划和无限制的发展又会给自然环境带来严重破坏。所以我们要实施城市可持续发展，那样就不会对自然环境产生严重的负面影响了。

正在改变的城市

城市中因能源消耗排放的二氧化碳占人类排放的二氧化碳总量的 70%。好消息是，城市本身的特点使其具备潜力，能够快速实现可持续化。

建设现代化、生态友好型的公共交通网络，可以减少城市对自然气候的影响

关注点：

二氧化碳排放

二氧化碳（CO_2）是一种温室气体，它能阻挡热量自地球向外逃逸，进而导致地表气温上升。二氧化碳排放是指燃料燃烧或化工品加工过程中释放出二氧化碳。

变革中心

城市充满了活力，居民可以迅速适应变化。由于城市人口众多，当环保型交通等新兴科技投入使用时，短时间内就能对环境产生巨大的影响。

气候变化危机

城市居民消耗了大量的能源和资源，对气候变化负有不可推卸的责任。与此同时，许多城市也面临着气候变暖带来的风险。全世界有大量的城市，包括很多发达的大城市，全都建在海岸边。全球变暖带来的海平面上升，使这些沿海城市面临着海水入侵的危险。要是气候逐年恶化，全世界还将有数百万人被迫搬迁。

全球变暖带来的海平面上升，使包括中国上海、印度孟买和美国纽约在内的许多城市，都面临着海水入侵的危险。

老城市与新城市

为了使现有城市和新建城市的发展变得更加可持续，世界各地的政治家、开发商、科学家和普通城市公民都在努力寻找方法。不同的城市会根据自身的发展程度，以及当地的气候条件和生态景观，采用不同的技术和方法来实现可持续发展。在这本书当中，你将会了解很多创建生态友好型城市的方法。这些方法涉及科学、技术、工程、设计、数学等方面。

新加坡的行道树能够净化空气

问题：城市扩张

你和邻居住得有多近？如果你住在公寓楼里，答案可能会是“非常近”。但如果你居住的地方是乡下的农场，那你可能连邻居的房子都看不到。还有，你如果要去离家最近的商店，你能步行到那里吗？还是说，非得坐车才行？这些问题的答案能够告诉你，你居住的地方人口密度有多大。

人口密度和城市扩张

一个国家的人口分布并不均匀，有些区域的人口会比其他区域更加稠密。人口密度能够描述一个特定区域有多少人口。城市的人口密度比乡村的更高，但即便是在同一座城市，不同区域的人口密度也各不相同。市中心往往是人口密度最高的区域，在这里人们都居住在公寓楼当中，附近就有许多的商店和办公楼。随着城市范围扩大，占据以往的乡村地区，城市的人口密度相应降低。这个过程通常被称为“城市蔓延”，它会给人类生活和生态环境带来许多问题。

对汽车的依赖

城市扩张之后的边缘地区，房子往往更大，商店和工作场所却变得很少。这些地区的公共交通往往十分有限。这就意味着，居住在这些地方的人，出行可能完全依靠汽车，比如，人们去购物、上学或者去工作都离不开汽车。

化石燃料的使用

过于依赖汽车会造成很严重的环境问题。（具体请阅读第 24~29 页的相关内容）汽车靠化石燃料驱动，在行驶过程中会释放出大量的温室气体，导致气候变化。汽车尾气中还有很多成分会污染空气，危害人们的身体健康，如导致肺部疾病。

对人类的影响

居住在离商店、学校、社区中心等场所较远的低密度住房区域，可能会影响人们的身心健康。依赖汽车出行，而减少步行，可能会让人的健康状况变差。而没有可以与邻居互动的社区集会空间，可能会让人感到寂寞和孤独。

栖息地丧失

城市扩张会导致野生动物丧失栖息地。当自然区域逐渐被钢筋水泥覆盖，哺乳动物、鸟类和昆虫的家园都会被摧毁。

城市土地利用

一个古老的城镇，起初可能只是一块仅有几百人的小聚居地。随着时间的推移，小城镇逐渐发展成拥有成千上万，甚至上百万居民的大城市。在城市的扩张过程中，土地的利用方式也发生着改变。越来越多的土地会被用于建设住房、工厂、商店和办公室。一般而言，以不同方式利用的土地会集中起来，形成一个相对固定的城市功能区。

同心圆

在一些城市或者小镇当中，我们可以借助一种非常简单的土地利用图来了解不同功能区的分布情况。这就是同心圆模型，也被称为“伯吉斯模型”。在这个模型当中，最古老的部分通常在城市的中心，而新建造的部分则在城市的外围。

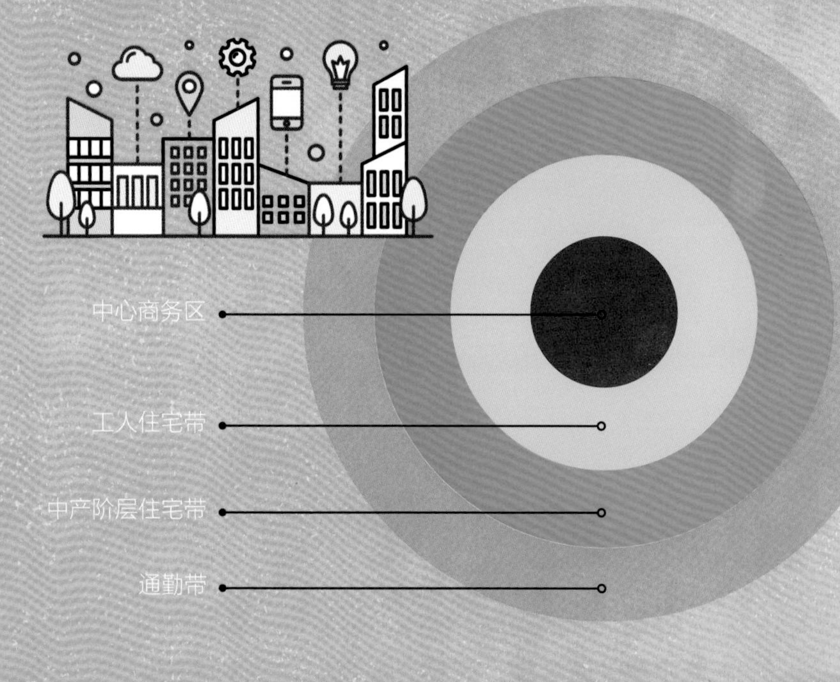

中心商务区（CBD）

同心圆模型最中心的区域被称为“中心商务区”，人们也会按照它的英文名称缩写将其简称为“CBD”。这个区域里聚集了大型商场、豪华酒店和知名大公司的总部，交通线路四通八达，不管是地铁还是公交，都能通向这里。

工人住宅带

历史上，这一地区有大量的工厂和工人住房。这些房子里住满了人，所以，居住在这个区域的人可以步行去上班。如今，这个区域往往已经没有了工厂，变成一个混合着各种土地利用类型的高人口密度区域。在这里，住房往往是高层的公寓楼，周围有许许多多的店铺、其他的商业空间以及公共空间。

中产阶层住宅带

20 世纪，随着轨道交通的逐渐发达和汽车的日益普及，城市得以向外扩展。中产阶层住宅带的人口密度相对比较低。许多房子都是半独立式住宅，还有独立的花园。

通勤带

地处城市边缘的通勤带往往是人口密度最低的区域，拥有更多的独栋别墅和零星住宅群。这个区域中的商店和办公室往往集中在大型的零售批发市场或工业园区，只有开车才能到达这些地方。

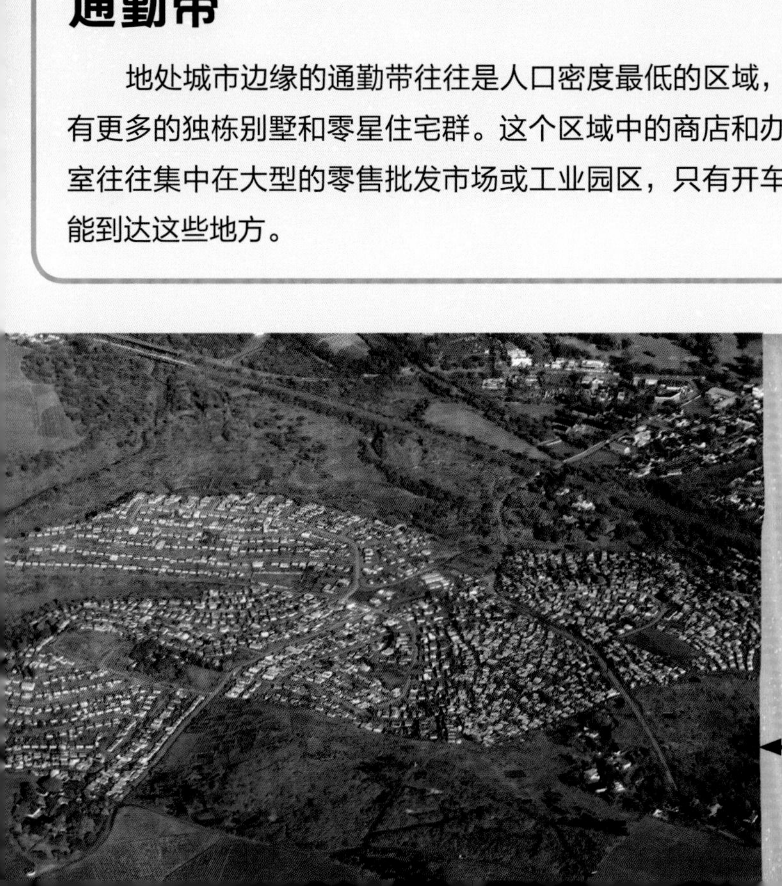

关注点：

绿带

绿带是城市周围不允许建造建筑的区域，这是为了防止城市向自然区域扩张。

解决它！可持续城市规划

大面积不可持续的城市扩张对人类和地球都没有好处。然而，随着越来越多的人迁移到城市当中，我们还是要建造新的住房、商店、交通系统和基础设施，来满足人们生存和发展的需要。那么，这些新的城市发展，需要怎样规划呢？

住房

应该建造什么样的住房？为什么？

独栋别墅

公寓楼

交通

城市中的居民应该如何出行？怎样的城市布局可以帮助他们选择绿色可持续的交通方式？

基础设施

学校、超市、医院和图书馆等基础设施，应该安排在住房周围的什么地方呢？

学校

超市

医院

图书馆

布局图

准备一张方形白纸和一些画画用的笔和颜料。试着设计一个你认为有利于可持续发展的城市布局图。

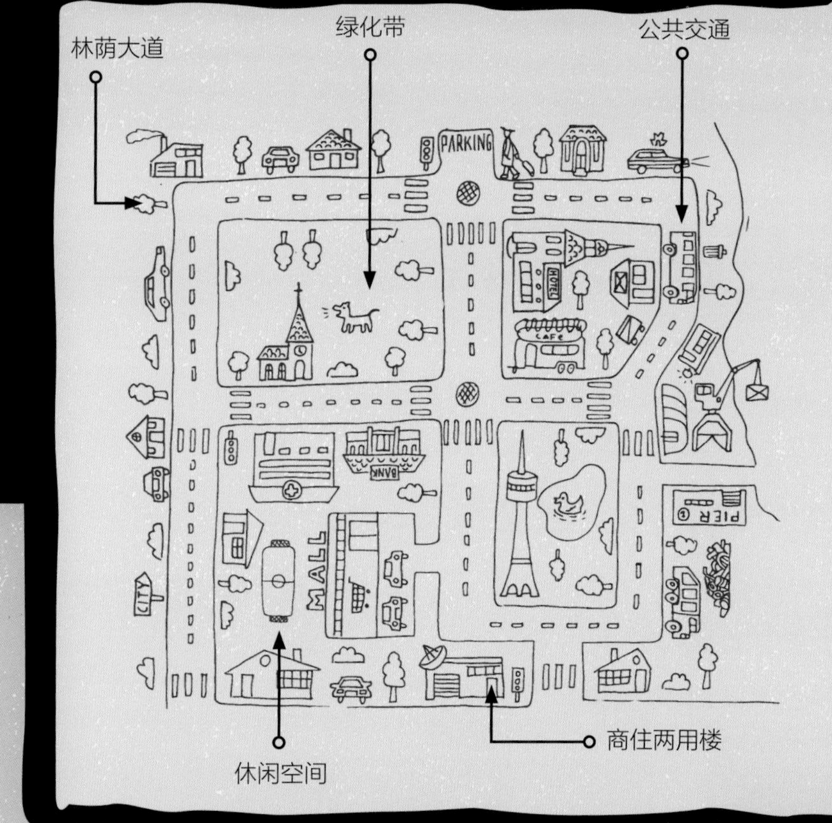

街景图

按照你设计的城市街道的样子，画一幅街景图。

你能解决吗？

如果你已经考虑了前面所讲的所有要素，画出了自己满意的布局图和街景图，那么何不把它们贴在卡纸上，再加上标签解释图中的奇思妙想，然后开办一个小型的展览来展示你的创作呢？

还需要更多灵感？翻到第 42 页去找一找吧。

试试看！土地利用项目

和邻居一起研究你们所居住社区的土地利用情况，再和城镇中的其他区域比比看。

你们将会用到：

- 1台可以上网的电脑
- 1台打印机
- 1支铅笔
- 3种不同颜色的彩色铅笔
- 纸
- 尺子
- 计算器

警告：一定要在大人的陪同下外出。

第一步

确定你想要研究的区域——可以是你居住的街道，再加上你居住的城市里另一条你想去参观的街道。为了将两个区域进行比较，你需要确保自己选的这两个区域大小相同。比方说，你可以选择两条各长500米的街道。

第二步

在电脑上找一张电子地图，找到你选择的第一个区域，把地图放大，直到你能看清地图上建筑物的轮廓。打印出完整的展示你所选择的500米区域的地图。

第三步

沿着你选择的街道行走。观察每一栋建筑，看看它是住宅（如别墅和公寓）还是非住宅（如办公楼和店铺），又或者是混合住宅（如楼上是公寓，楼下是商铺）。为每一种类型选择一种颜色，并在你打印出来的地图上，用彩色铅笔给相应类型的建筑物涂上对应的颜色。

第㊃步

除了确定每栋建筑的土地使用类型之外，还需要计算出你所选地段的住宅、非住宅和混合住宅各有多少个单元。比如，一栋独立的别墅是一个单元，但是，一栋公寓楼却可能包含很多个单元。从建筑的类型上看，单元的数量可能并不总是显而易见的，所以你可以试着去数一数门铃的数量，得出一个大概的数字！

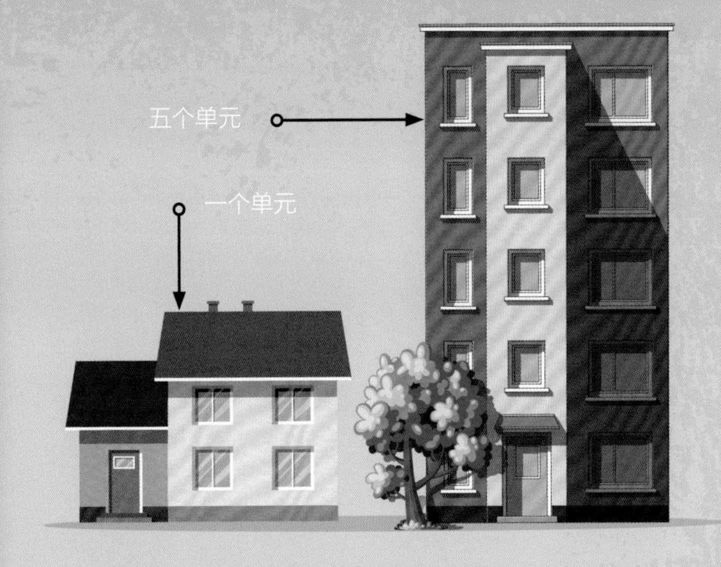

第㊄步

在你所选择的第二个区域重复以上两个步骤。记得要选择同心圆模型中不同类型的区域。如果你住在通勤带，可以到中心商务区进行第二次调查。

第㊅步

计算出两个区域的住宅、非住宅和混合住宅三种类型分别有多少个单元。然后再计算出它们各自所占的百分比是多少。画两个并列的扇形统计图或者一个条形统计图来显示你计算的结果。

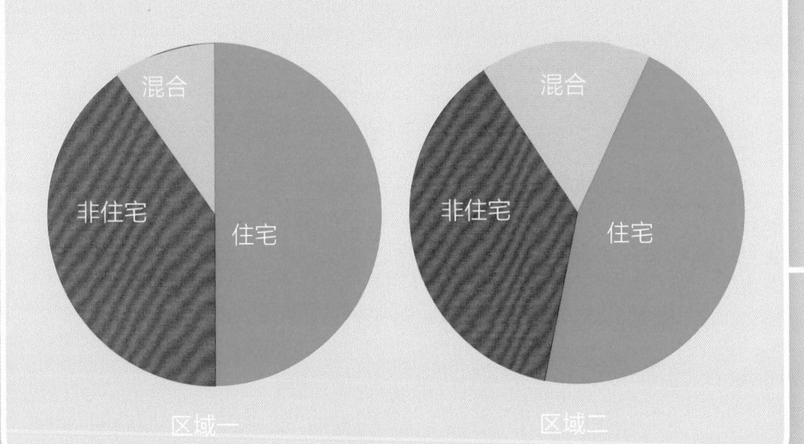

第㊆步

比较两个区域中同种类型的单元数量，看看哪个区域中的单元密度更大。

问题：缺乏绿地

在你的脑海中想象一座城市，你都能在这座城市中看到什么颜色？灰色的建筑物和道路？色彩鲜艳的广告牌和商店招牌？也许，你看不到太多的绿色植物。城市扩张和城市土地利用带来的一个重要问题就是城市内部的绿地缺乏。而且，城市扩张还可能会给人类和野生动物带来很多负面影响——有时候甚至是你意想不到的影响。

栖息地碎片化

除了动物的栖息地丧失之外，城市扩张还会带来栖息地碎片化问题。一般来说，动物需要四处走动，以寻找食物和配偶，或者避免竞争。但是，当栖息地被道路分割成碎片之后，动物就很难再从一个地方迁徙到另一个地方。

心理健康

我们常常忘了，实际上，人类同样也是一种动物！研究表明，亲近大自然和绿色植物对我们的身心健康大有裨益。定期在绿色空间中进行休闲娱乐的人能够释放压力，变得更加愉快。到公园等绿植遍布的场所中散步、游玩或骑行，对我们的身体健康也十分有益。

医院里那些能透过窗户看到绿色植物的病人会康复得更快。

城市热岛效应

城市工业排放的各种气体增加了地表对太阳辐射的吸收，城市气温、降水等要素也会发生变化，出现城市热岛效应。城市中的柏油路和混凝土路等深色、坚硬的表面，白天会储存来自太阳的热量，夜晚则释放出来。这使城市的温度要比周围郊区的温度高出几摄氏度。

在美国，每年都有人直接死于极端高温。

危险的温度

热岛效应在那些气候炎热的国家会成为一个特殊的问题，因为高温会危害城市居民的健康乃至生命。热岛效应将使炎热地区的气温更加致命，甚至会使人因热浪侵袭而死亡。过多的热量加上城市空气污染将会形成一种特殊的物质，对空气造成二次污染。这种情况被称为“地面臭氧污染”，会对人的肺造成严重伤害。

加热和制冷

大面积的人造深色表面取代了树木、灌木以及其他植物等自然的绿色表面，造成环境温度较高。但是，深色表面和绿色表面，是怎样分别使气温增高和降低的呢？

哎呀！

深色表面因为积蓄了太阳的热量，会变得非常烫。

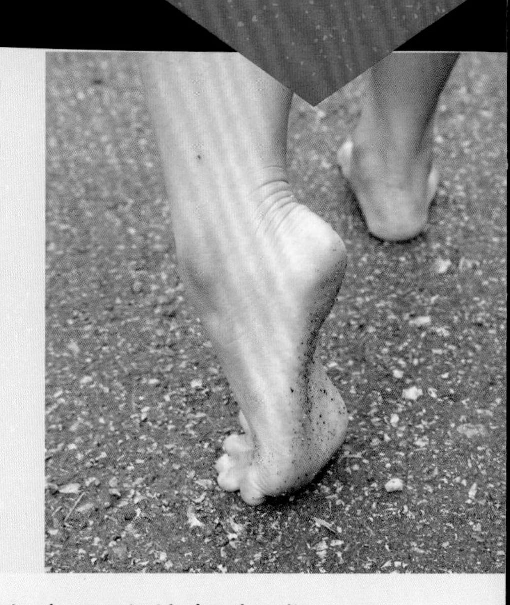

深色和浅色的表面

你有没有在阳光明媚的日子里，赤脚走在深色柏油马路上的经历？如果有，你当时可能会觉得路面非常烫脚。现在再想想那些放在屋外花园中的白色塑料家具，它们也会变得像柏油马路一样烫吗？白色或浅色的表面比起深色的表面，会反射更多来自太阳的热量。而深色的表面则会吸收热量，再缓慢地将其释放出来。这也是城市热岛效应产生的原因之一。（详见第 17 页）

树木和其他植物上绿叶的颜色比柏油马路的颜色浅，因此吸收的太阳热量较少。

热量

热量

蒸发降温

想想看，当你觉得热的时候，身体会产生什么反应——你会出汗！人类已经进化出了一种能够利用蒸发给身体降温的能力。当水蒸发时（如汗水在皮肤上变干），会带走热量。这是因为水在从液态变成气态的过程中，需要吸收能量，而热量就是一种能量。所以当水蒸发成为气体时，它周围的温度就会相应降低。

蒸腾作用

蒸发降温与树木和城市热岛效应有什么关系呢？答案是，植物会通过一种叫作“蒸腾作用”的过程，持续不断地把水分释放到空气当中。植物通过根部吸收水分，在茎干中运输，然后以水蒸气的形式再把水分释放到空气中。

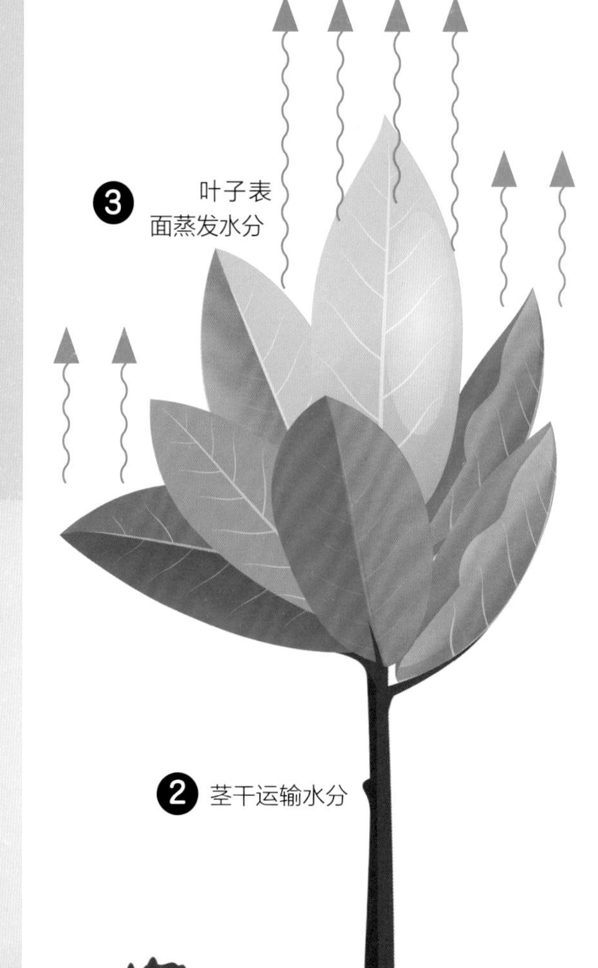

凉爽的树下

植物内部的液态水能够变成释放到空气中的水蒸气，这种变化需要吸收能量才能完成。周围空气中的热量就能提供给植物所需的能量，因此，蒸腾作用会降低植物周围环境的温度。

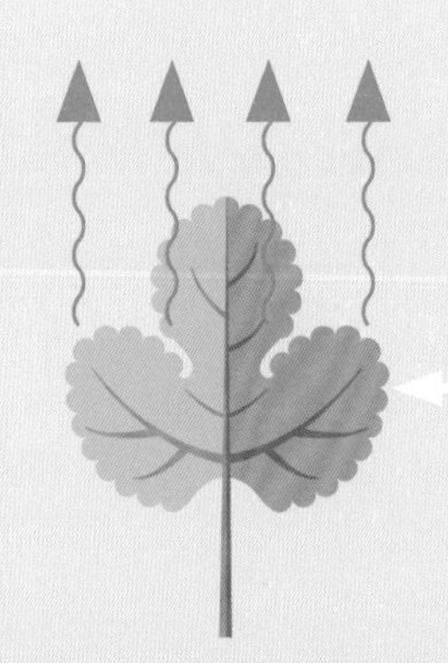

植物吸收的水分有 90% 以上用于蒸腾作用。

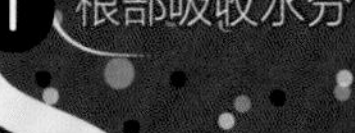

解决它！给城市降降温

城市缺乏绿地造成了三个关键的问题：城市变得炎热；人们的身心健康受到影响；野生动物难以迁徙。但是城市的空间确实非常拥挤，土地的价格也很高。怎样才能在拥挤的地方增加更多的绿色空间呢？看看下面列出的事实，仔细想想，看看能想出什么样的解决办法。

事实一

城市地面的空间是十分宝贵的，因为所有建筑都需要建造地基。

事实二

道路中间不能种树，否则会影响汽车的正常行驶。但是，人们可以在绿化植物之间留出小路，供行人走动。

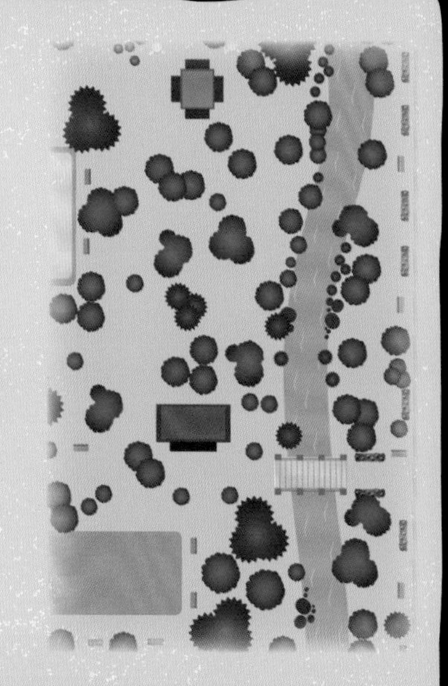

事实三

并不是所有的植物都需要生长在平坦的地面上。

事实四

步行或骑行比驾驶汽车，更有益于人们的身心健康。

事实五

阳光从天空直射建筑物顶层。

你能解决吗？

为城市增添绿化空间的问题，其实并没有一种标准答案，需要人们从不同的角度看待事物。怎么样才能灵活地利用“死空间”（未被有效利用的空间）呢？

之前列出的事实，其实都是线索，背后藏着世界各地给城市增加绿地、降低气温的各种解决方案，这些方案都已经成功实施了。不过，你还是可以开动脑筋，想出属于自己的全新解决方法。

想不出来？翻到第 43 页看看世界上的一些城市都做了什么吧！

试试看！蒸腾作用

通过下面这个小实验，了解蒸腾作用，看看植被是如何降低环境温度的。

你将用到：

- 1张黑纸
- 1张白纸
- 一些碎草或生菜
- 1盏有白炽灯泡的台灯
- 1支温度计
- 1个计时器
- 1支铅笔和1本笔记本

第一步

把台灯放好，让灯光能向下直射。开灯照射几分钟，让灯泡发出的光亮度稳定。确保你的台灯使用的是老式的白炽灯泡，因为LED灯泡是不会变热的。

第二步

把白纸放在台灯的正下方，注意别碰到灯泡。把温度计放在纸上，使温度计的液泡处于灯的正下方，立刻读出温度计上的数值并记录，然后每隔30秒读取并记录一次数值。测量过程一共持续3分钟。把每次测量的温度数值记录在笔记本上。

第三步

取回白纸并将温度计放在一边冷却至温度数不再变化。把黑纸放在台灯正下方，再把温度计放在黑纸上，用相同的方法测量并记录温度计显示的数值。

第四步

每隔 30 秒记录一次温度计显示的数值。3 分钟后，取回黑纸，并将温度计放到一边冷却至温度数不再变化。

第五步

用生菜或者碎草代替黑纸。当它们枯萎时，会释放出水蒸气，我们用这个过程模拟蒸腾作用。然后重复之前的步骤，记录温度计显示的数值。

第六步

记录完全部 3 组数据之后，按照结果，画一张折线统计图。对比不同的表面，看看它们对温度计的读数产生了怎样的影响。

问题：交通拥挤

城市交通无比繁忙，路上挤满了公交车、出租车、私家车、卡车和摩托车。大部分时间，城市交通都运行得十分缓慢。太多的车辆意味着没有人能够快速到达目的地。除此之外，城市中心的红绿灯和人行横道线，每隔几百米就会阻断一次交通。而人们在人行道上等待横穿马路时，会吸入大量的汽车尾气。

车辆排放有害气体

车辆向大气排放的尾气，对人类和环境都有很大的危害。在全球范围内，交通工具产生的二氧化碳占温室气体排放量的 30% 以上。而且，除了二氧化碳之外，车辆发动机燃烧汽油或柴油之后，还会产生一氧化碳、氮氧化物和其他有害气体。

关注点：

氮氧化物

氮氧化物（NO_x）是一种会对人类肺部造成伤害的污染物。

2014 年，空气污染导致全欧洲约 **50 万**人过早死亡。

龟速行驶

城市中行驶的大量车辆不仅会造成空气污染，而且车速也十分缓慢。由于许多城市人满为患，想要在城市道路上快速移动几乎是不可能的事情。比如，在美国的纽约市中心，道路交通的平均速度只有 7.6 km/h。

能源浪费

自驾车出行是一种非常环保的交通方式。一辆汽车的平均质量大概是 1400 kg，而一个成年人的平均质量约为 70 kg。通过计算可以发现，仅搭载一个成年人的话，一辆汽车引擎要驱动的汽车质量约等于 20 个成年人的质量。就算一辆车上乘坐了 5 个成年人，乘客的总质量也仅仅只占车身质量的 $\frac{1}{4}$。

私家车还是公交车

一辆质量约为 11 500 kg 的双层公交车可以搭乘大概 80 人。那么，一辆满载的公交车的乘客总质量就约占到了车身总质量的一半。所以，单个乘客乘坐公交车的油耗要比乘坐私家车的油耗更小。

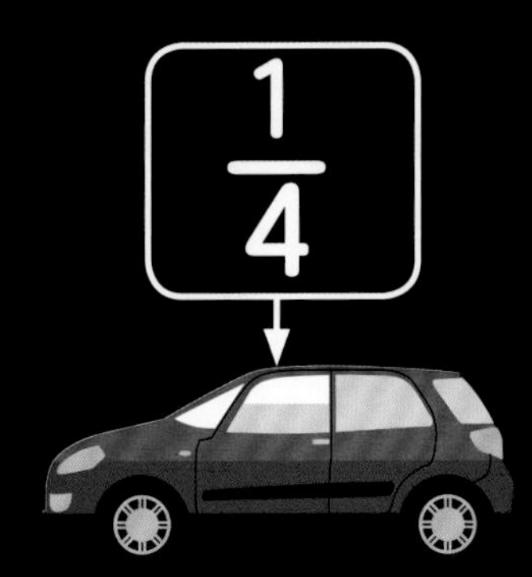

道路空间

汽车出行效率低下的另一个重要原因是空间问题。与自行车相比，汽车占用的道路空间要更大。如果一条普通车行道每小时能容纳大约 2000 辆汽车通过，那么相同条件下，则可以容纳 14 000 辆自行车通过。

市内交通方式

世界各地的城市交通多种多样，每一种方式都有自身的优点和缺点。

私家车

驾驶私家车出行的一个重要优点是人们能够点对点出行，而不必步行到公共交通站点。同时，驾驶私家车的人在任何时候都可以开始自己的行程，而公共交通却遵循固定的时间表运行。但私家车的一大缺点是，绝大多数的私家车都靠内燃机引擎驱动，排放的汽车尾气会污染空气，并进一步造成气候变化。现在，电动汽车在逐步普及，但即便是这样的环保汽车也有不利的一面——在拥挤的城市，堵车将会使驾驶私家车成为一种耗费时间的选择，而且，私家车的驾驶者可能还很难找到停车的地方。

关注点：

电动汽车

电动汽车由可充电电池驱动。由于没有尾气排放，电动汽车对空气污染和气候变化影响比较小。但是，要想做到真正的环保，就必须用清洁能源发电，比如说，用太阳能或风能发电。

火车或地铁

许多城市都有地下或者地面铁路网。火车或地铁的主要优势是速度快、运力（运力是指可以运送的人数）大、安全性高和环保。火车或地铁运输比汽车运输要安全许多，火车或地铁还能够非常快速地将数百人从一个地方运送到另一个地方。但火车或地铁运输的缺点在于建造成本高和难度大，在已经有地面建筑的情况下更是如此。和汽车运输相比，火车或地铁提供的停靠站点或者运行线路也更少。

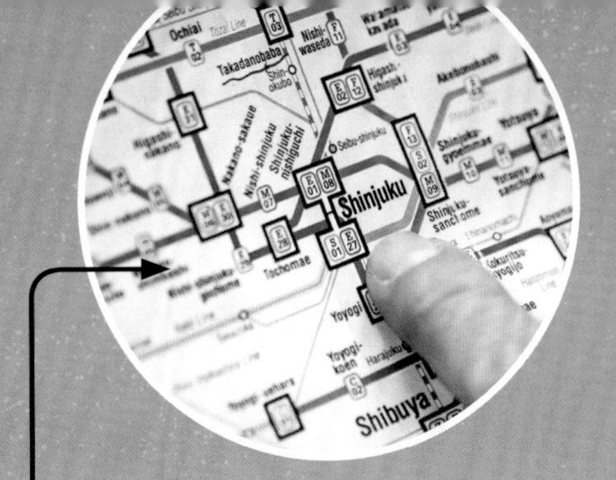

日本东京每年有

33.3 亿

人次搭乘地铁出行。

公共汽车

就人均使用的能源和空间而言，公共汽车比私家车更加高效。然而，除非公共汽车也是电动的，否则它们仍然会排放尾气，产生碳排放并造成空气污染。由于道路拥堵，公共汽车的速度会比地铁慢一些。尽管它们不如私家车那么灵活，但它们可以把乘客运送到地铁没有开通的地方，而且新的公共汽车线路也更加容易开通。

自行车

自行车是最节能的交通工具之一。它不仅可以供人们根据出行需求灵活使用，而且还节省空间，十分环保。但是，自行车是用人力驱动的，所以骑车可能会让人感到很累。而且，当骑自行车的人被迫在拥挤的城市中与私家车和公共汽车共享道路时，骑车还可能变成一件不那么安全的事情。

解决它！增加公共交通

增加公共交通工具的数量，减少私家车出行会让城市发展变得更加可持续。但是，最高效的城市公共交通系统，比如地铁系统，可能已经很难在发达的城市中再进行增设了。世界各地的城市都在利用不同交通方式的优势来部署自己的公共交通系统，并且有了很多创造性的想法。想想看，这些想法都是什么呢？

事实一

许多城市都是在还没有地铁和铁路系统的情况下就开始建造的，因此人们往往会依赖公路系统，结果造成严重污染和交通堵塞。

二氧化碳

氮氧化物

事实二

依赖公路系统的城市，往往会有贯穿城市中心的多车道道路。

事实三

地铁系统的运输速度和效率往往比地面公路系统更快更高，因为它有自己专门的线路，而不像公共汽车那样，需要共享车道。

事实四

人们在进入火车站候车室之前就已经购买了车票，在上车之前就能完成检票，而不是一边上车一边检票，这也让人们节省了很多时间。

事实五

火车和地铁每次都可以搭乘很多乘客。公共汽车也能搭乘很多人。

你能解决吗？

根据上面列出的种种事实，你能想出一些办法，把公共汽车和地铁系统的优势结合起来，为城市的公共交通系统做出合理的规划吗？

感觉思路卡住了？
翻到第 44 页查看答案吧。

试试看！称称汽车有多重

如果你的家里或者朋友家里有一辆汽车，做个小实验来算一算汽车的质量。

你将需要：

- 1 辆车以及 1 个会开车的成年人
- 1 块轮胎气压表
- 1 支铅笔
- 16 张大卡纸
- 1 把直尺或者卷尺
- 1 个计算器

提示

轮胎的印迹大致是个长方形，所以需要在每个轮胎的前面、后面、左面和右面都各塞进一张卡纸。

第一步

在一块平坦、干燥的地面上，测量汽车每个轮胎底部与地面接触的表面积。要做到这一点，你需要把四张卡纸尽可能贴近轮胎的前后左右。

第二步

请成年人小心地将车从摆好的卡纸上开走。然后，你会发现，每个轮胎下面放好的四张卡纸都围成了一个长方形，测量这个长方形的长度和宽度。把长度和宽度相乘，算出长方形的面积。面积的单位根据测量工具的不同，可能会是平方英寸或平方厘米。这就是每个轮胎与地面的接触面积。

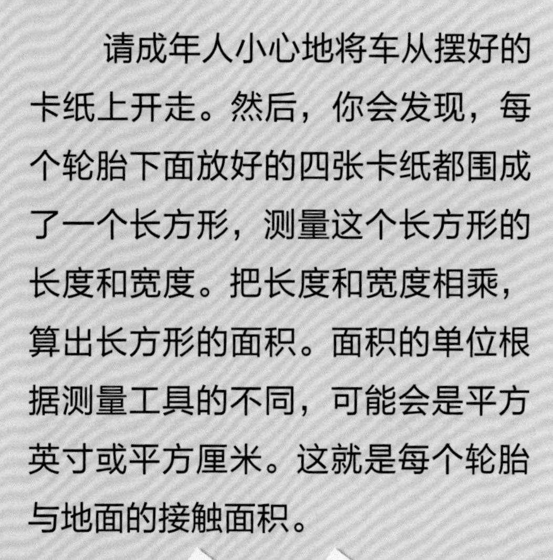

第三步

请成年人用轮胎气压表测量出每个轮胎内部的气压值。一定要把上一步算出的每个轮胎与地面的接触面积和这次测出的气压值一一对应，做好记录。

提示

注意你的气压表使用的计量单位是什么，一般来说会是英制单位的磅 / 英寸^2（PSI），也有可能会是千克 / 厘米^2（kg/cm^2）。记得把你计算出的汽车轮胎与地面的接触面积单位和气压表所使用的单位进行统一。

关注点：

胎压

根据设计，汽车的轮胎只有在特定气压下才能正常使用。如果充气不足，胎压过低，就会加速轮胎磨损，还会增加汽车的油耗，让驾驶变得危险。

第四步

要计算每个轮胎承受的质量，需要用轮胎与地面的接触面积乘以这个轮胎的气压。计算得出的数字就是对应轮胎所承载的质量。

把所有四个轮胎承载的质量相加，就是这辆汽车的总质量。

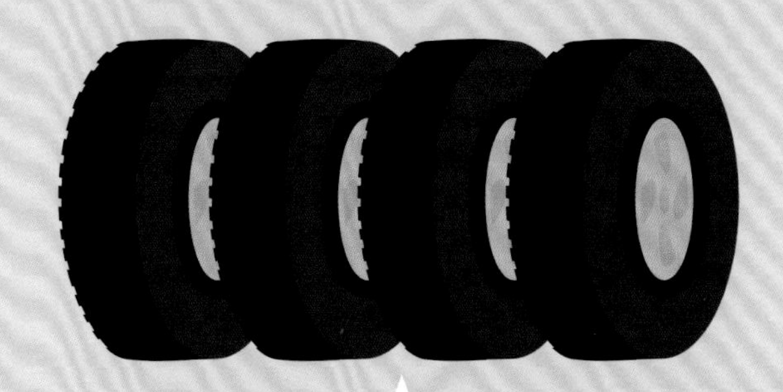

记得把四个轮胎承载的重量相加

问题：光污染

在距离地球**320米**的高空，能看到美国洛杉矶被灯光照亮的夜空。

多彩耀眼的灯光照亮了街道、广告牌和建筑物，成了城市形象和城市景观的一部分。甚至还有很多歌曲赞美城市“明亮的灯光”。电力照明是人类历史进程中一项重要的技术发明，它让人类在夜晚也能够进行各种各样的活动。但是，大量不必要的人造光线投射到夜空当中，会对人类和野生动物产生很多负面影响。令人遗憾的是，这种情况在逐年恶化。

野生动物

动物在数百万年的进化过程中已经适应了自然的昼夜交替模式。对于很多野生动物而言，夜晚的黑暗非常重要。许多鸟类在迁徙的过程中，会利用星星寻找前进的方向。然而，大量的人造光线照射到夜空中，这些鸟类就会迷失方向，再也无法到达自己觅食或者繁衍后代的目的地。

由于定位障碍、栖息地被破坏，以及自然捕食者的增加等因素，每1000只新生海龟当中，只有1只能存活下来

关注点：

海龟

孵化成功之后，新生的海龟宝宝会通过海滩上沙丘形成的阴影来判断大海的方向。但沿海城市的灯光却把幼小的海龟搞糊涂了，许多小海龟会直接朝着城市的方向前进，结果或是会被汽车碾过，或是会被卡在城市的排水沟中丢掉性命。

人类健康

光污染影响的不仅仅是动物，对人类也有害。我们的身体知道什么时候该犯困，什么时候该醒来，这要归功于我们在黑暗环境中产生的激素。但人工照明会扰乱我们的生物钟，导致我们睡眠不足，注意力不集中，还会削弱我们的免疫功能。

能源浪费

光污染带来的另一个问题就是能源的严重浪费。照明需要电力，尽管现代的LED灯更加节能，但城市安装了过多的LED灯，在造成光污染的同时，也严重浪费了电力资源。

从宇宙当中都能看到欧洲的光污染情况

认识光线

光对人类而言有着极其重要的作用。凭借光，我们才能看见世间万物。与此同时，由于光是植物赖以生存的能量来源，而植物又为其他包括人类在内的生物提供了食物，所以，光也是人类得以在地球上生存的核心要素。但你知道光究竟是什么吗？它又是怎样产生作用的呢？

能量

光是一种能量。能量有许多不同的形式，如光能或者化学能。能量还能在不同的形式之间进行转化，举例而言，植物制造食物的光合作用，就是把光能转化为化学能的过程。而太阳能电池板（右图所示）可以将光能转化为电能。

光是一种电磁波，在同种均匀介质中沿直线传播，传播路径被称为“射线”。然而，光的传播方向也有可能受以下几个因素影响而发生改变：

①反射

我们生活中最常见到的现象之一就是反射。当光线照射到一个物体的表面之后，就会被反射回来。无论是镜子等表面颜色浅淡且光滑的物体，还是粗糙、暗淡的物体表面都会反射光线。我们之所以能够看到各式各样的物体，就是因为光照射到物体表面之后，又被反射进我们的眼睛当中。

❷ 折射

当光线穿过两种不同的介质，如从空气照射到水中时，就会发生折射。这是因为光在不同介质的分界处改变了方向。这就是水杯中的吸管从外面看起来弯折或断裂的原因。

关注点：

可见光

鸟类和人类相比，能看到太阳光中的更多颜色。它们可以看到人眼无法看到的紫外线。

❸ 色散

白光实际上像彩虹一样是由各种颜色的光混合在一起组成的。当一束白光穿过棱镜，你会看到白光被分成了不同颜色的光，这就是光的色散。这种情况之所以会发生，是因为不同颜色的光线波长有细微的不同，而棱镜对这些不同波长的光线的折射率也略有不同。

光的颜色

看起来是白色的光线，实际上可以包含很多种不同的颜色。比如，来自太阳的光比来自蜡烛的光有更多的蓝光，而蜡烛光中则又有更多的黄光。大多数 LED 灯泡会比白炽灯泡发出的蓝光多。不过，也有能发出暖黄色光的 LED 灯泡。因为蓝色的人造光和日光更为接近，所以蓝色的人造光比黄色的人造光更容易造成光污染。

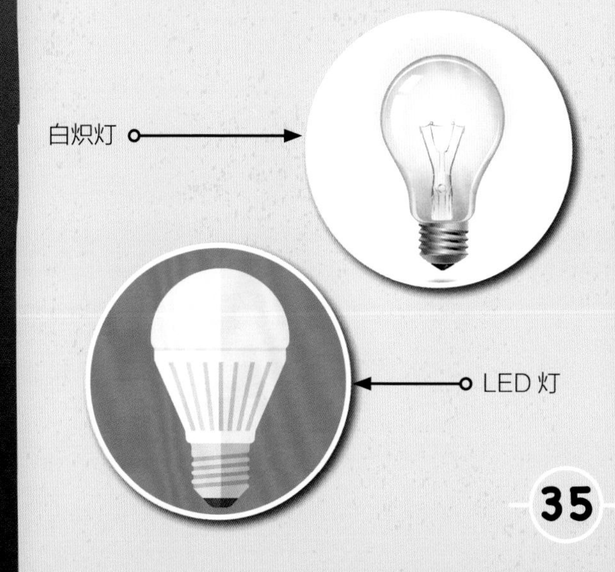

解决它！减少光污染

扭转光污染愈演愈烈的趋势，将有利于人类的健康，更好地保护野生动物，还能够节约能源。然而，城市也确实需要照明，以确保夜晚的街道依然能够通行，并且保障行人的安全。你能想出什么办法，既能保障街道的照明，又可以减少光污染吗？看看下面的这些情景，想想可以从哪些方面做出进一步改善。

情景一

看看河边的路灯，你发现它们的设计有什么不一样的地方了吗？这些路灯的设计有什么地方不同于别的路灯呢？

情景二

看看这栋房子外面强烈的灯光。想想看，房子的主人能够做出哪些改变呢？

情景三

城市公园里的路灯就这么一直亮着。是不是可以利用一些技术来减少这些光源对野生动物的影响呢？

情景四

公共汽车站的周围安装的都是非常明亮的蓝光 LED 灯。有没有别的照明替代方案呢？

你能解决它吗？

回想一下你学习到的光和光污染的相关知识，为以上四个情景设计减少光污染的方案。也许，每个情景都有不止一个解决方案，但请为每个情景想出至少一个方案。

需要帮助？翻到第 45 页看看吧。

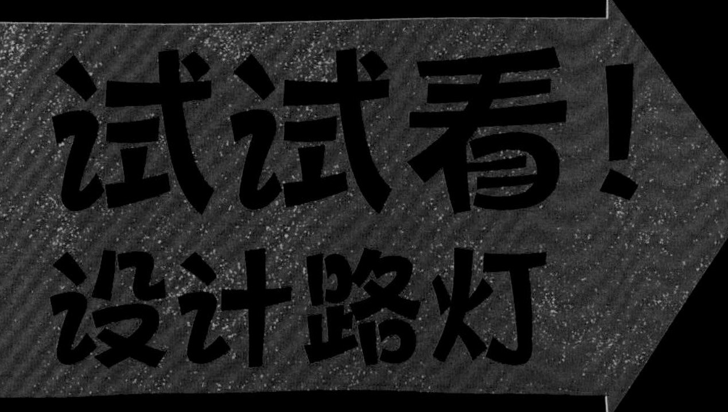

做个小实验，尝试一些不同的路灯设计，看看哪一种造成的光污染最小。

你将会用到：

- 2 个小灯泡，比如，带插电池的 LED 灯泡，或者找 2 个手电筒，把它们的反光罩去掉
- 大头针或双面胶
- 包塑铁丝
- 剪刀
- 1 个小纸箱
- 铝箔
- 2 个小雕像
- 1 个黑暗的房间
- 绝缘胶带

温馨提示：请在家长的帮助下操作。

第一步

用你的小纸箱创造出一片星空。在纸箱底部挖一个能够放入灯泡或手电筒的洞，再在顶部戳出一些小针孔。最后用绝缘胶带把小纸箱的其他缝隙全部封住。接下来，当你在黑暗的房间里打开灯泡或手电筒的开关时，灯光透过纸箱顶部的小孔投影到天花板上，你就可以看到天花板上的“星空”啦。

第二步

做一盏“路灯”。如果你已经准备好了一个拆掉反光罩的手电筒，你可以把手电筒立起来，再用双面胶或大头针把它固定住。这样我们就得到了一盏“路灯”。手电筒的主体部分是灯柱，而灯泡则在顶部发光。

第㊂步

如果你没有手电筒，而是有一个带电池的小灯泡，你就得用包塑铁丝来做一个灯柱。把几根包塑铁丝拧在一起，做成一根结实的灯柱。然后把灯泡挂在做好的灯柱顶端。因为包塑铁丝可以弯曲，所以你可以随意调整“路灯”的角度，不管是朝一侧倾斜，还是将“路灯”倒吊起来照向桌面，都可以。

第㊃步

在一个黑暗的房间里，把纸箱星空灯和“路灯”都放在桌子上。然后把两个小雕像放在路灯下面。打开两盏灯的开关，你会发现，如果没有灯罩遮挡路灯的灯光，“路灯”的灯光就会把天花板上的“星光”都遮盖掉。

第㊄步

接下来，试着用铝箔纸做出各种各样的灯罩，罩在“路灯”灯泡的上面。你能设计出一种灯罩，让“路灯”既可以照亮下面“街道”上的雕像，又能够让“天空”中的星星依旧清晰可见吗？

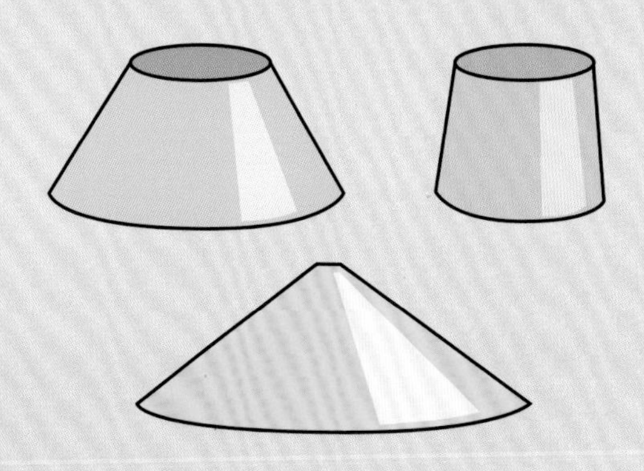

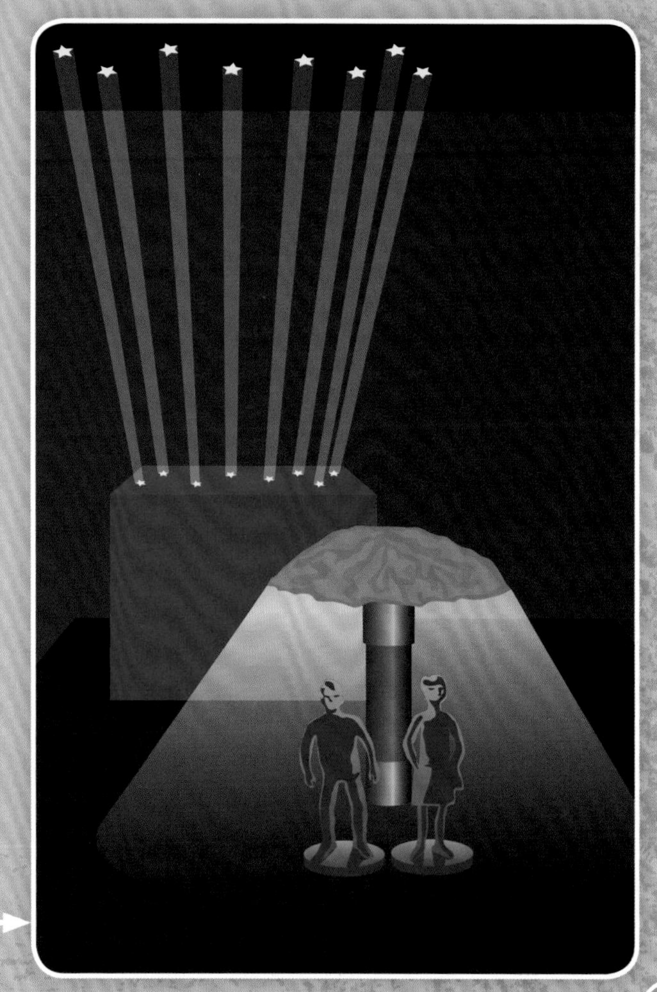

未来的城市

现在我们所生活的城市的面貌——有着闪闪发光的摩天大楼和现代化的交通方式——是生活在一个世纪之前的人们无法想象的。很有可能在50—100年之后，城市的面貌会再次发生巨大的改变。以下就是一些不可思议的想象，以及科学家、工程师和建筑师现在正在开发的城市改造项目。

天空森林

意大利米兰的“垂直森林”是两栋被树木覆盖的公寓楼。这是人类第一批通过建造住宅进行植树造林开发的项目之一！如果是在平地上种植同样多的树木，它们将占据近20 000平方米的土地面积，相当于三个足球场那么大。这些种植在公寓楼上的树木不仅节约了城市土地，而且还能够给城市降温、净化空气和改善生物多样性。

意大利米兰的“垂直森林”

关注点：

生态城市

生态城市设计让城市的环境变得更加友好。它不产生碳排放，还会回收利用污水和垃圾。在距离中国天津市40千米的地方，中国和新加坡两国政府目前正在合作开发一座生态城市。

空中自行车

除了步行，骑自行车也是环保的出行方式，但骑车非常辛苦。赶上雨天，骑车人可能会被淋湿。而且，因为和其他的交通工具共享马路，骑车可能会变得很危险。一种在空中建立封闭式自行车道的想法应运而生。隧道当中的空气能够很好流通，使人们总是能顺风骑行，这样能够省力 90%。

英国格拉斯哥的一条封闭式自行车道

漂浮城市

随着全球人口数量不断增长，以及气候变暖导致的海平面上升给人类带来的威胁与日俱增，设计师们已经开始构思让城市漂浮在海上的方案。这些高科技的海上定居点将有人们日常生活所需要的一切，包括农场、住房、学校、办公楼和医院。整座漂浮城市都由太阳能等可再生能源进行供电。

荧光树木

有一些生物能够发光，如萤火虫、一些水母，甚至还有一些真菌。科学家们正在研究如何通过基因工程对树木进行改造，让树木也可以发光。如果试验取得成功，这些会发光的树木就能够作为一种可持续的低亮度街道照明装置使用啦！

答案

解决它！ 可持续城市规划 第 12~13 页

每一座城市的规划都需要因地制宜。然而，可持续城市规划也有一些共通的原则，包括：

交通

应该尽可能提供宽阔、安全的人行道和自行车道，鼓励人们步行和骑车出行。对于较远的路途，应该建设公共交通网络。

住房

类似公寓楼这样的高密度住房会更好，因为它们能够利用一小块土地，为很多人提供住所。

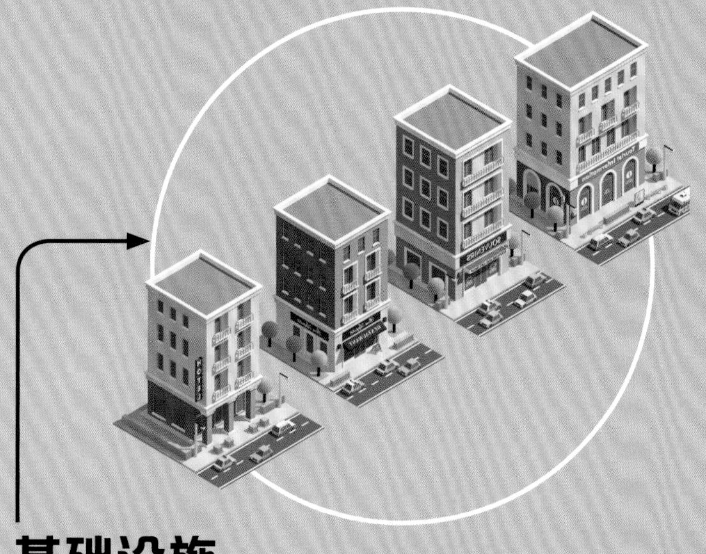

你的地图和街景图

你可能已经想出了好多种不同的城市布局图和街景图设计方案。如果你还想获得更多的灵感，何不上网搜索“生态城市”，看看建筑师们有哪些精妙的设计呢？

基础设施

人们所需要的一切基础设施都应该设置在住宅周围，比如，将公寓楼的底层作为图书馆，在顶层设立健康诊所。将商店、办公室、学校全都规划在住宅区周围，不仅方便人们步行出行，也有利于建立城市居民的共同体意识。

给城市降降温　第 20~21 页

我们可以通过在城市中增加绿色植物，减弱城市热岛效应。扩大绿化面积有很多好处，比如，可以让人们的身心更加愉悦，还可以让野生生物茁壮成长。除此之外，还有很多不同的方式可以达到减弱城市热岛效应的目标，下面是一些设计方案：

绿色屋顶

城市建筑的顶层通常都是闲置的、死气沉沉的空间。有一些建筑师已经开始设计具有植被覆盖的绿色屋顶的建筑物了，如图片中展示的这座位于澳大利亚悉尼的建筑物。绿色屋顶除了能给城市降温，能给人类和动植物带来积极影响之外，在工程设计上也具有独特的优势，比如，它能够吸收更多的雨水，也能够为建筑物隔热保温。

生机之墙

并不是所有植物都需要生长在平地上，所以，我们为什么不像法国巴黎的那些人一样，在建筑物的表面种上植物呢？这些植物利用了闲置的垂直墙面空间，不仅对野生生物和环境都有益处，看起来还是一道亮丽的城市景观。

城市绿化

那些穿城而过的细长林荫道，以及那些错落分布在城市中的公园，有时又会被人们称为“城市绿化”。图中展示的是美国纽约的一条空中绿化道，这条道路被人们称为“高线”。按照这种绿化城市的思路，我们可以在老旧的铁路或者运河的两侧都进行绿化。由此形成的贯穿城市的绿色走廊，不仅可以帮助野生动物迁徙到新的栖息地，还可以是人们休闲和锻炼的好去处。

解决它！ 增加公共交通 第 28~29 页

一种被称为“快速公交系统”（BRT 系统）的新型公共交通系统已经在中美洲和南美洲国家的许多城市中投入使用。这种公共交通系统利用了现有的公路系统，但是又兼具地铁系统的许多优点。你可能也想到了类似的方法：

BRT 系统会在现有的公路上划分出几个车道，作为系统中的公共汽车专用车道。系统中的公共汽车会在特定的站点停靠。所有的站点都是封闭的，这意味着乘客必须在进站前就购买车票。这样节省了乘客上车的时间，从而变得更加高效。

和地铁一样，BRT 系统也能一次性搭乘很多人。系统中的公共汽车不仅有自己的专用车道，在道路交叉口还有优先通过的权限，它们不用和城市中的其他交通工具共享道路。最理想的 BRT 系统会采用电动公共汽车来减轻空气污染。

印度尼西亚雅加达的 BRT 系统覆盖了全市近 900 万人口。

解决它！ 减少光污染 第36~37页

当我们关注减少光污染时，应该提出以下问题：设计方案能更加完善吗？我们能不能采用更少的光，以及我们能不能采用不同类型的光源？下面是一些减少光污染的案例，也许每个情景都有不止一种解决方案，但是下面的这些案例中还是包含了一些关键的点。

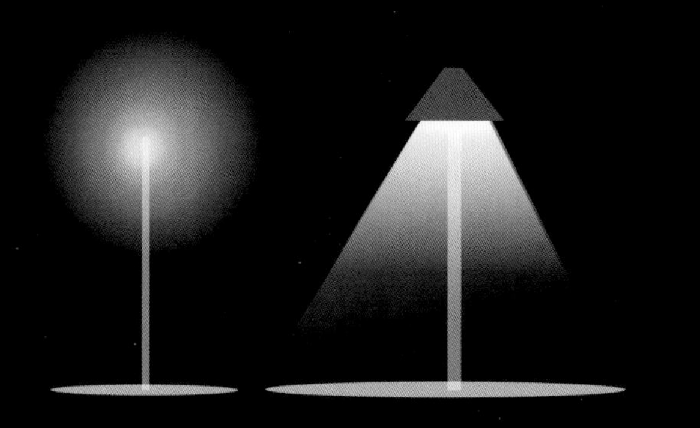

情景一

情景一当中的这种灯会让光朝各个方向发散出去，包括不需要灯光的天空。如果罩上特殊设计的灯罩，就能把所有的光都引导到需要的地方。

情景二

在情景二当中，灯光太强烈了。采用带有运动传感器且功率较小的灯泡，就能给行人提供正常通行所需要的照明了。

情景三

情景三当中的灯通宵达旦地发光，打扰了生活在公园中的动物们。如果周围没有行人经过，这些灯就没有必要亮着了。可以安装声控路灯，只有感应到声音，路灯才会亮。

情景四

在情景四当中，发出蓝光的 LED 灯可以换成发出黄光或者红光的 LED 灯。因为蓝光和日光更为接近，对人类的健康以及野生动物的影响也就更大。避免使用蓝光 LED 灯，就能减小夜间照明所带来的危害。

有所作为

尽管这本书中提到的很多让城市变得更加可持续的想法不是靠某一个人就能够实现的，但是每个人都可以从自己做起，从点滴做起，让城市变得更加美好。

绿色出行

如果可以的话，尽量步行、骑车或者乘坐公共交通工具出行。如果目的地很近，那么步行和骑车是最环保的交通方式。如果目的地很远，乘坐公共汽车或地铁也比开私家车更为节能。为了自己和更多人的健康，鼓励你的家人、朋友和你一起绿色出行吧！

远大的想法

你想到的能让城市变得更加环保的方法是不是没有在这本书中列出？试着再想出一些可以让所有人都能在城市中生活得更好的办法！

绿化你的窗台

你可能没有办法在屋顶上种树，也不能在你家的外墙上种满植物。但是，你可以在家里的窗台上种上自己喜欢的植物。窗外的行人看到你家窗台上的绿色植物，他们的心情也会变得更加愉快。

保护环境，
从我做起。

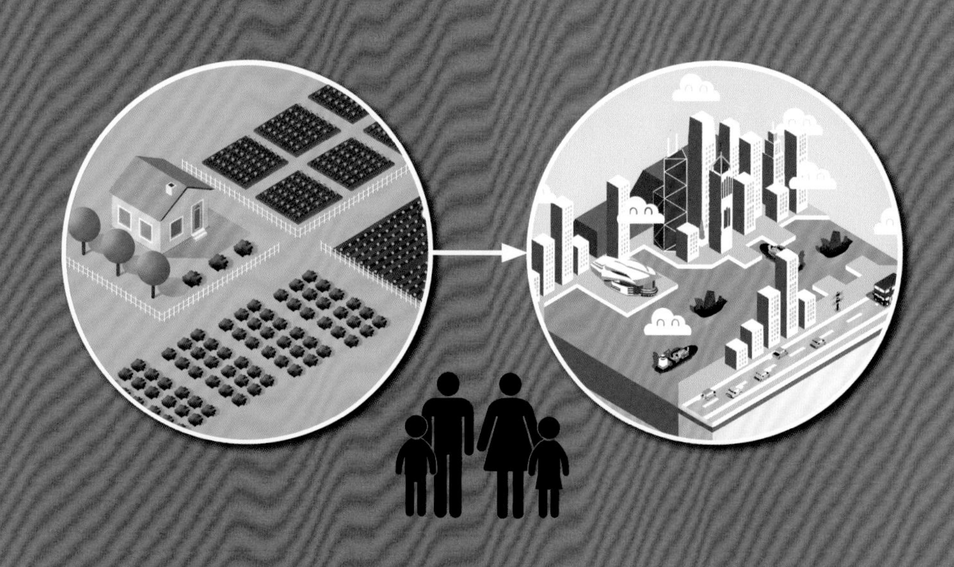